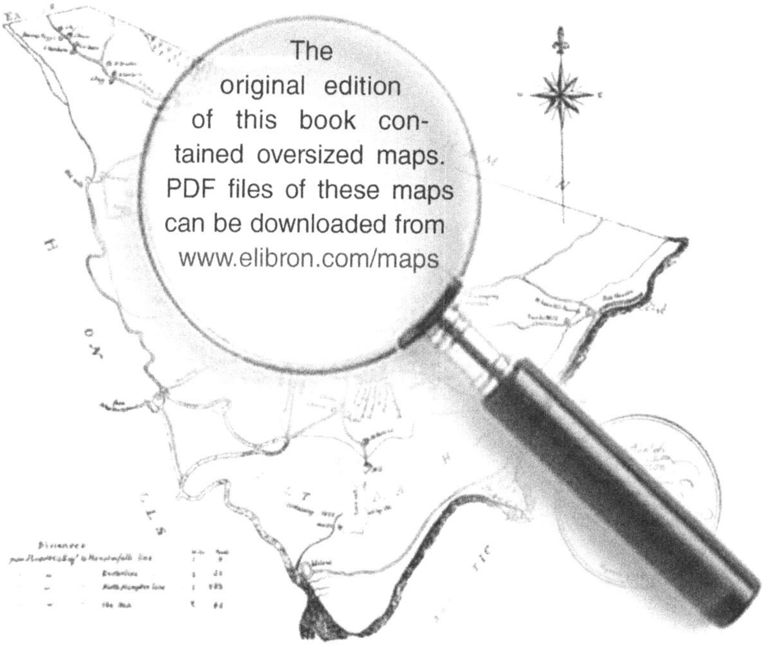
The original edition of this book contained oversized maps. PDF files of these maps can be downloaded from www.elibron.com/maps

RICHARD VON DRASCHE-WARTINBERG

REISE

NACH

SPITZBERGEN

IM SOMMER 1873

MIT DEM SCHOONER "POLARSTJERNEN"

Elibron Classics
www.elibron.com

Elibron Classics series.

ISBN 1-4212-4766-6 (paperback)
ISBN 1-4212-4765-8 (hardcover)

This Elibron Classics Replica Edition is an unabridged facsimile
of the edition published in 1874,
Wien.

Magdalenenbay.

REISE

NACH

SPITZBERGEN

IM SOMMER 1873

MIT DEM SCHOONER „POLARSTJERNEN“

VON

Dr. RICHARD v. DRASCHE-WARTINBERG

WIEN 1874

IM SELBSTVERLAGE

DRUCK VON R. v. WALDHEIM

Vorrede.

Die hier kurz geschilderte Reise nach Spitzbergen wurde von mir nach einem längeren Aufenthalte in Norwegen zu rein geologischen Zwecken unternommen. Zweck der Reise war keineswegs, geografische Entdeckungen oder kartografische Aufnahmen zu machen; noch weniger lag es in meiner Absicht, einen möglichst hohen Breitegrad zu erreichen.

Die verschiedenen geologischen Formationen und Felsarten Spitzbergens kennen zu lernen, sowie einen Einblick in die arctische Natur zu gewinnen, war das Hauptziel dieser Reise; nur zu diesem Behufe war auch das Schiff ausgerüstet. Die geologischen Beobachtungen, welche ich auf dieser Reise machte, werden in den betreffenden Fach-Journalen veröffentlicht werden. Erstere müssen, dem Stande der heutigen wissenschaftlichen Literatur nach, vollkommen getrennt von allem einer Reisebeschreibung Aehnlichen wiedergegeben werden.

Wenn nun Vielen, vielleicht mit Recht, die Veröffentlichung dieser kurzen Reisebeschreibung als eine blosse Variation von allbekannten besseren Darstellungen arctischer Reisen erscheinen sollte, so möge es mir zur Entschuldigung gereichen, wenn ich hervorhebe, dass diese Zeilen mehr für einen engen Kreis von Freunden und Bekannten geschrieben sind, die sich speciell für meine Erlebnisse interessiren.

Sollten diese Zeilen auch Anderen in die Hände fallen, so mögen sie keine allzustrenge Beurtheilung finden.

Wien, im October 1873.

Der Verfasser.

I. KAPITEL.

Ueberfahrt nach Spitzbergen.

Durch die Vermittlung des durch seine zuvorkommende Freundlichkeit allbekannten österreichischen Consuls in Tromsö Herrn A. Aagaard gelang es mir, den Schooner Polarstjernen für eine zweimonatliche Reise nach Spitzbergen zu erwerben.

Am 20. Juni gelangten wir, mein Reisegefährte Herr F. Petrich aus Gratz und ich, per Dampfschiff von Trondhjem in Tromsö an, von wo wir mit unserm Schiffe absegeln sollten.

Schon am 26. Abends waren unsere Reisevorbereitungen, bestehend in Einkäufen von Proviant, Pelzen u. s. w., getroffen und wir schifften uns ein.

Unser Schooner war ein schöner neuer Zweimaster von 21 Commercelasten, mit einer sogenannten Eishaut, das heisst einer hölzernen Verstärkung am Vordertheile des Schiffes, versehen. Capitän Simonsen, ein erprobter Spitzbergenfahrer, der schon 7mal diese Insel besucht hatte, führte das Fahrzeug. Die Mannschaft bestand aus einem Steuermann, 4 Matrosen und einem Schiffsjungen, ausserdem war das Schiff mit einem Fangboote, einem Rettungsboote und mit allen zum Wallross und Seehundfang nöthigen Geräthschaften ausgerüstet. Wir waren für 4 Monate verproviantirt, obwol wir nur 2 Monate auszubleiben gedachten, eine Vorsicht, die man in diesen Gegenden stets gebrauchen muss. Nach den englischen Parlamentsbeschlüssen am Ende des vorigen Jahrhunderts musste sogar jedes nach Spitzbergen auf den Wallfischfang ausgehende Schiff Proviant für drei Jahre mit sich führen.

Unsere Kajüte war leider ungemein klein und nieder, die Kojen rechts und links in die Wand eingelassen und von auf das Höchste unbequemen Dimensionen, welche jede Bewegung fast zur Unmöglichkeit machten.

Insbesonders waren einige über der Kopfstelle befindliche Balken das ewige Aergerniss und der Stein des Anstosses.

Unser Plan war, zuerst die Westküste Spitzbergens bis zum 80° zu besuchen und dann in den Storfjord einzudringen, auf Stans Vorland einigemal zu landen, um geologische Beobachtungen zu machen, und hierauf, wenn möglich, durch Walter Thymens Strat, der Ostküste von Stans Vorland entlang, zum Hopen Eiland und nach Norwegen zurück zu fahren. Wir werden sehen, dass ungünstiger Eisverhältnisse halber nur der geringste Theil dieses Planes ausgeführt wurde.

Gleich im Anfange unserer Reise sollten wir die Nachtheile eines Segelschiffes, welche später unsere Excursion so arg verzögerten, kennen lernen.

Wir hatten nämlich stets Nordostwinde, bei welchen eine Ausfahrt aus dem engen Tromsösund unmöglich ist. Wir mussten drei lange Tage unthätig im Hafen vor Anker liegen, bis endlich am 30. Juni Früh die ersehnte Stunde kam, wo wir dieselben lichteten; ein schwacher Südost trieb uns langsam aus dem Hafen. Doch kaum eine Meile von der Stadt, schlug plötzlich der Wind nach NNW um und nöthigte uns nun zum Kreuzen, einer in so engem Fahrwasser wahrhaft entsetzlich langwierigen Beförderungs-Methode.

Abends um zehn Uhr endlich trat vollkommene Windstille ein, und wir mussten in einem prachtvollen, von hohen Gebirgen umgebenen Sund die Anker werfen.

Westlich von unserm Ankerplatze erhoben sich die hohen Gipfel der Skulgamtinderne, an deren Fuss auf einem kleinen Hügel dicht am Meere ein Friedhof lag. Oestlich von uns befand sich eine sogenannte Vogelinsel, auf welcher viele Hunderte von Eidergänsen, Möven und Seeschwalben nisteten und mit unaufhörlichem Geschrei hin und herflogen. Die Besitzer dieser Inseln erhalten durch Zahlung einer Steuer die Begünstigung, dass im Umkreise von einer Viertelmeile kein Vogel geschossen werden darf.

Unser Ankerplatz war ungemein reich an Fischen, wir fischten in einer kleinen halben Stunde mit der Angel nicht weniger als 21 meist gegen zwei Pfund schwere Dorsche.

Den 1. Juli Früh wurden Steine als Ballast eingeladen, die Anker gelichtet und bald kreuzten wir von einem schwachen Ostwinde getrieben aus dem Sunde. Der Tag war herrlich, rein und warm. Im Osten von uns enthüllte sich nun, indem wir durch den Grötsund fuhren, langsam das herrliche Panorama der Jägervandtinderne, hohe zackige, aus Gabbrogesteinen bestehende Gebirge, aus deren Vertiefungen sich einige Gletscher heruntersenken.

Tief in das Innere der Gebirge zieht sich als Abzweigung des Grötsundes der Ulsfjord hinein. Bald erreichten wir das Ende des Sundes und hatten die Aussicht auf die offene See. Am andern Tage kreuzten wir bei Fuglö vorüber, einer fast senkrecht aus dem Meere aufsteigenden Felseninsel, welche den äussersten Vorposten gegen das offene Meer bildet. Bald waren wir von Fuglö vorüber, und

Fuglö.

jenes, für manchen Seereisenden so unbehagliche Schaukeln und Schwanken verkündigte, dass wir uns auf offenem Meere befanden.

Am 4. Juli waren wir in 71° 47' N.B. An diesem Tage wurde unser Schiff zum erstenmale von den Bewohnern arctischer Gegenden begrüsst. Es war dies eine Mövengattung (Procellaria glacialis), von den norwegischen Matrosen Havhest (Seepferd) genannt. Es ist ein plumpes Thier, welches stets dicht über den Wellen fast ohne Flügelschlag einherfliegt und auf den Inseln des höchsten Nordens brütet. Dieser Vogel kommt den norwegischen Küsten nie näher als 10 — 15 Meilen.

Die beiden folgenden Tage hatten wir beinahe vollkommene Windstille, und unser Schiff schaukelte in der Dünung hin und her, die Segel klappten an den Masten, das Steuer schlug links und rechts — ein trostloses Bild der Langeweile.

Der Abend des 5. sollte uns indessen einige Abwechslung bringen. Wir sahen nämlich am Horizonte eine grosse Anzahl von kleinen Dampfwölkchen aufsteigen, die bald heftig emporwirbelten, bald wieder verschwanden, um auf einer andern Stelle von Neuem zu erscheinen. Durch eine günstige Brise getrieben, kam unser Schiff bald näher, und wir erkannten in den Wölkchen die Wasserstrahlen von mehr als zwanzig Wallen, welche sich im Meer herumtummelten. Bald zogen sechs grosse Finnwalle schnaubend an unserm Schiffe vorüber, spritzten ihre Wasserstrahlen zischend hoch in die Luft und verschwanden dann in die Tiefe.

Selten sieht man einen Finnwall allein im Meere ziehen, meistens schwimmen mehrere zusam-

men, einer hinter dem andern, blasen ihre Wasserstrahlen und gehen dann wieder in tiefere Regionen hinunter, wobei sie mit dem Kopfe zuerst nach abwärts einen solchen Bogen beschreiben, dass sowohl ihr dunkelgrauer Rücken als auch die Schwanzflosse weit über dem Meere sichtbar werden.

Der Wallfischfang wird in den Gewässern Spitzbergens und Norwegens seit Ende des letzten Jahrhunderts gar nicht mehr betrieben, blos ein Dampfschiff aus Tönsberg am Christianiafjord soll jetzt dem Fange obliegen.

Die Blüthezeit des Wallfischfanges war vom Anfange des 17. Jahrhunderts bis zu Ende des 18. Jahrhunderts, woselbst Engländer, Holländer, Franzosen, Deutsche und Spanier mit Hunderten von Schiffen an den westlichen Küsten Spitzbergens jagten. Seit dem Anfange unseres Jahrhunderts hat sich der eigentliche grosse grönländische Wall, in Folge des schonungslosen Vernichtungskrieges fast vollständig von den spitzbergischen Küsten zurückgezogen und wird nun nur mehr an der Westküste Grönlands und in den arctischen Gewässern Amerikas gejagt.

Ich glaube aber jedenfalls, dass sich der Fang auf die kleineren Finnwalle in den Gewässern zwischen Norwegen und Spitzbergen noch lohnen würde; wir haben deren auf dieser Reise eine wirklich erstaunlich grosse Anzahl gesehen.

Am Abende des 8. Juli hatten wir eine starke NNW-Brise, die in der Nacht fast zum Sturme anschwoll. Wir waren an diesem Tage in 74° 52' N. B., also schon an Bären-Eiland vorbei. Eine Landung an dieser unwirthbaren Insel war bei diesem Unwetter natürlich unmöglich, umsomehr, da wir durch das stete Kreuzen bei Nordwestwinden viel zu weit östlich gekommen waren, ein Ereigniss, welches uns bald sehr unangenehm werden sollte.

Am Abende des 9. Juli sank die Temperatur endlich unter Null, nachdem sie schon früher von Tag zu Tag abgenommen hatte, wie folgende Uebersicht zeigt:

30.	Juni	Mittags	12·5°	C.
1.	Juli	„	21·2	„
2.	„	„	15·2	„
3.	„	„	10·3	„
4.	„	„	10·0	„
5.	„	„	7·5	„
6.	„	„	7·0	„
7.	„	„	4·7	„
8.	„	„	1·8	„
9.	„	„	1·2	„
9.	„	10 Uhr Nachts	0·6	„

Um 9 Uhr Abends beiläufig bemerkten wir das erste Stück Treibeis, einen über 40' hohen Eisblock, der, von der Strömung getrieben, langsam sich hebend und senkend nach Osten trieb.

Im Nordwesten erblickte man am fernen Horizont den Eisblink, jenen eigenthümlichen gelblich-weissen Schimmer, der durch die Reflexion der Lichtstrahlen auf ausgedehnten Eismassen entsteht.

Bald vermehrten sich die Treibeisstücke immer mehr und mehr, und ein schneidender Nordwestwind liess uns fühlen, dass wir uns nun inmitten der arctischen Regionen befänden. Gegen Früh segelte unser Schiff mitten im Treibeis, und weit am Horizonte war nichts als Eis und Eis zu sehen.

Am Abende des vorigen Tages war starker Thau gefallen, der in der Nacht zu dicken Eiskrusten auf dem Takelwerk erstarrte, welche bei den Strahlen der aus dem Nebel hervortretenden Sonne prasselnd auf's Verdeck fielen.

Es war ein herrlicher sonniger Wintertag. Eine gute Nordwestbrise trieb uns rasch durch die eng gewundenen Canäle freien Fahrwassers durch. Das Schiff glitt ruhig wie auf einem Binnensee durch die Eisblöcke, eine Erscheinung, welche man immer im Eise beobachten kann, da dasselbe jeden Wellenschlag vom offenen Meere abhält. Eine solche Fahrt gehört zu den interessantesten Erlebnissen einer arctischen Reise. Das Eis nimmt die abenteuerlichsten Formen an, bald meint man einen hohen gothischen Bau mit Spitzbogen, bald eine kolossale Bogenbrücke, bald menschliche Figuren zu erkennen — Alles Folgen der schmelzenden Sonnenstrahlen und der an den Eisblöcken brandenden und nagenden See. Die meisten der Treibeisstücke waren von einer starken Schichte Schnee bedeckt, auf dem wir bei Einem die Fährte eines Eisbären entdeckten. Wenn die Sonne durch die Spalten und Klüfte dieser Eismassen schien und diese im herrlichsten Blau, Violett und Grün wiederstrahlten, so war das ein wahrhaft zauberhafter Anblick.

Der grösste Theil der Eismassen befindet sich stets unter dem Meeresspiegel, nur beiläufig der siebente Theil der ganzen Masse wird uns als Eisberg sichtbar. Da die Massen ober dem Wasser durch Abschmelzung und Brandung stark vermindert werden, so nehmen die Eisberge unter dem Meeresniveau nicht allein der Tiefe, sondern auch der horizontalen Flächenausdehnung nach, einen grösseren Raum ein; eine für die Schiffe sehr bemerkenswerthe Thatsache und eine Warnung, sich ihnen so wenig als möglich zu nähern.

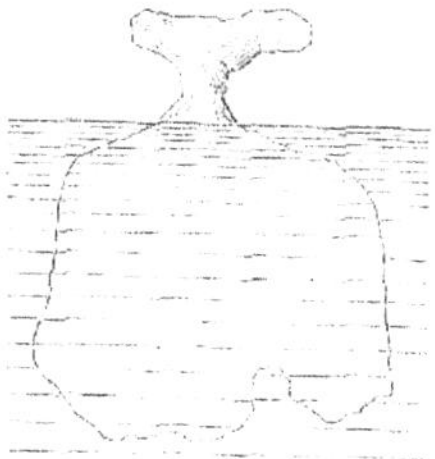

Gegen 10 Uhr Früh erblickten wir endlich zum ersten Male Land im fernen Nordwesten als eine Reihe von zackigen Gebirgsgipfeln.

Wir befanden uns nach den Beobachtungen unseres Capitäns in 75° 55' N. B. und 18° Ö. L. von Greenwich, waren also beiläufig in der Nähe des Eingangs zum Storfjord, also viel zu weit östlich gekommen, eine Entdeckung, welche wir erst so spät machten, da bisher wegen des stets dichten Nebels eine Ortsbestimmung unmöglich war.

Gegen Mittag nahm die Menge des Treibeises so ungemein zu, dass nun an ein weiteres Vordringen in dieser Richtung nicht mehr zu denken war. Wir mussten wenden und unsern Cours nach Süden zurücknehmen, so lange bis wir ausserhalb des Treibeises waren. Indessen wurden unerwarteter Weise beim Zurückfahren die Eismassen immer dichter; Gegenden, die am selben Tage Morgens beinahe ganz eisfrei waren, waren nun so mit Treibeis angefüllt, dass wir nur mit Mühe einen Canal finden konnten, durch den das Schiff sich durchwand. Hie und da fuhr das Schiff krachend auf einen Eisblock an, dass es in allen Fugen erzitterte. Der Capitän befand sich stets am Toppmast, um die fahrbaren Stellen besser zu übersehen und dem Steuermann die betreffenden Zeichen zu geben. Unsere Situation fing indessen gegen Mitternacht an sehr gefährlich zu werden. Auf der einen Seite des Schiffes hatten wir grosse Massen von Grundeis, d. h. auf dem Meeresboden fest aufstehendes Eis (an seichteren Stellen gestrandet), auf der andern Seite trieb das Treibeis mit einer Geschwindigkeit von beiläufig einer Meile in der Stunde gegen das Grundeis. Krachend stürzten die Treibeisblöcke zusammen, wenn sie auf letzteres getrieben wurden, und zeigten uns deutlich, welchem Schicksal unser Schiff entgegen zu gehen drohte. Der Sturm wüthete immer ärger und ärger, es wurden einige Segel gerefft, und wir gingen mit einer Geschwindigkeit von zwei Meilen in der Stunde durch den engen Canal.

Um drei Uhr Nachts endlich fing die See an Wellen zu werfen, die früher trotz dem Sturm völlig ruhig geblieben war, ein Zeichen, dass wir bald von unsern unheimlichen Nachbarn befreit würden; kurze Zeit darauf tanzte unser Schiff in freiem Fahrwasser auf den durch den Nordweststurm gepeitschten Wogen. Wir waren glücklich der Gefahr eines Schiffbruches entronnen.

Am folgenden Tage ging der Sturm in eine leichte WSW-Brise über, und am Horizonte bemerkte man nur hie und da einzelne Eisberge, im Westen sahen wir den Eisblink.

Unser Plan war, die Eismassen im Süden zu umgehen und dann nach Nordwest und in den Bellsund zu steuern.

Am 10. Juli Nachmittags waren wir bereits so weit südwärts gekommen, dass wir, als sich einen Moment der dichte Nebel etwas verzog, die Küsten von Bären-Eiland sehen konnten. Wir waren nun wieder fast auf demselben Punkte, wo wir uns vor drei Tagen befanden. Wir kreuzten nun wieder bei widrigem Nordwind nach Nordwesten. Der Mittag des 12. Juli traf uns bei „bare stille“ in 75° 43′ N. B. Indessen zerstreuten einige neugierig aus dem Wasser die Köpfe hervorstreckende Seehunde und vorbeiziehende Finnwalle auf Momente die Langeweile. Die übrige Zeit verbrachte ich meistens damit, dass ich Alken, Teisten und andere Seevögel für unsern Mittagstisch schoss, sogar etliche Finnwalle wurden mit einer Kugel begrüsst.

Gegen Mitternacht kam am Horizonte ein unförmlicher schwarzer Körper in Sicht, der bald, als wir ihm näher kamen, als ein Wrak erkannt wurde. Blos der Hintertheil des Schiffes ragte aus dem Wasser hervor, und man konnte deutlich sehen, wie durch die offen stehende Kajütenthür das Wasser aus- und einströmte. Langsam hob und senkte sich durch den Wellengang das Wrak, ein unfreundlicher, fast gespensterhafter Anblick. An der Seitenwand war deutlich der grosse Leck zu sehen, der den Untergang des Schiffes herbeigeführt hatte.

Wir sandten ein Boot zur näheren Untersuchung des Wraks aus. Dasselbe constatirte, dass es die dem bekannten Spitzbergenfahrer Matilla, der den letzten Winter mit seinem Schiffe an der Nordküste Spitzbergens eingefroren war, gehörige Yacht sei. Wir sollten erst später genauere Details über das Schicksal dieses unglücklichen Seemanns erhalten. Nach dem Berichte unserer Leute stand das Wrak vollkommen senkrecht im Wasser, in welcher Lage es durch den schweren Anker erhalten wurde. Am 13. Juli schoss ich vom Schiffe aus zwei Seehunde; es war die sogenannte Jan Mayen Robbe (Phoca groenlandica), eine kleine Seehundsgattung mit schön gezeichnetem Felle, auf welche im Frühjahre in den Gewässern von Jan Mayen jährlich eine so mörderische Jagd gemacht wird. Die Fahrzeuge, meistens Dampfschiffe, gehen schon im Monate März hin, wo noch die ganze Insel mit Eis umringt ist, doch ist dasselbe so dünn, dass die Schiffe es bequem durchbrechen können. Die Robben, welche sich am liebsten auf dem Eise aufhalten, werden da zu vielen Tausenden erschlagen. Hauptsächlich *werden die um diese Zeit nur wenige Tage oder Wochen alten Jungen ihres Felles wegen geschätzt.*

Gegen Abend erblickten wir endlich das Südcap, die Südspitze von Spitzbergen, und mit ihm eine Unmasse von Bergspitzen und Gletschern im Hintergrunde. Da wir auch diesmal durch die Strömung etwas zu weit östlich gekommen waren, so mussten wir das Südcap umschiffen. Südlich von demselben befindet sich eine nicht unbedeutende ganz flache Insel mit einem Wall von gefährlichen Klippen und Untiefen. Man kann sich hier wie überhaupt an vielen der klippenreichen Küsten Spitzbergens dem Lande höchstens auf eine Meile nähern. Mein Vorsatz, am Südcap mit Boot zu landen, musste leider unausgeführt gelassen werden, da sich inzwischen eine gute Nordostbrise erhob, die uns in der Nacht um das Südcap brachte. —

Der Morgen des 14. Juli enthüllte uns bei klarstem Wetter das prachtvolle Panorama der Hornsundtinderne, der höchsten Gebirge Spitzbergens (4560'), mit einer Reihe von andern Spitzen und Zacken, unter welchen ich den Haizahn, einen schnee- und eisbedeckten, nach seinem Namen geformten Berg hervorheben will. Selten ist es dem Reisenden gegönnt, die stets in Nebel gehüllten Gipfel der „Hornsundtinderne" zu bewundern, und konnten wir von grossem Glück sagen, dieselben gesehen zu haben.

Grosse, mächtige Gletscher mit steilen Abfällen erstrecken sich am Fusse dieser Gebirge in's Meer hinab; es war ein herrlicher Anblick, der uns für die

Unannehmlichkeiten einer langen Seereise reichlich entschädigte.

Nachmittags begegneten wir ein Dampfschiff. Es war Elida von Trondhjem. Die beiden Fahrzeuge stoppten, wie es hier in diesen öden Gewässern gewöhnlich der Brauch ist, wenn sich zwei Schiffe begegnen, und tauschten Neuigkeiten aus. Elida war im Eisfjord und Bellsund gewesen, um Wallskelette und Knochen zur Guanobereitung zu sammeln, sie war am Wege nach Norwegen. Unser Capitän erkundigte sich sogleich um die 17 im Eisfjorde überwinterten Norweger und erfuhr, dass 15 von ihnen todt im Hause am Cap Thordsen, die andern zwei Leichname aber nicht aufgefunden wurden. Mit einem „Far wel" verabschiedeten wir uns, und das Dampfschiff dampfte rasch von dannen,

Eingang in den Hornsund.

eine Schnelligkeit, die wir mit grossem Neid beobachteten und einige stille Betrachtungen über die Geschwindigkeit unseres Segelschiffes anstellten.

Am 15. Juli steuerten wir an dem Eingang des prachtvollen Hornsundes vorüber zum Bellsund, den wir am 16. Juli 2 Uhr Nachts erreichten und an dessem südwestlichen Eingang Anker warfen.

II. KAPITEL.

Bellsund.

Nicht weit von unserem Ankerplatze lagen zwei andere Fahrzeuge, welche auf den Weissfischfang ausgiengen. Das eine Schiff lag schon seit 21. Mai hier und hatte erst 7 Fische gefangen.

Der Weissfisch oder Weisswall (Delphinapterus leucas) ist eine milchweisse Wallart von 10—12' Länge, welche sich meistens in dem durch Gletscherschlamm trüb gewordenen Wasser der arctischen Meere aufhält. Früher wurden die Weisswalle meistens harpunirt; seit den letzten Jahren aber sind die Norweger dem Beispiele der Russen gefolgt und fangen sie mit grossen Netzen. Die Netze sind aus stärkstem Seile verfertigt, schwimmen auf Korken und sind meistens über 50' lang. Auf der einen Seite ist das Netz offen und an einem Boote befestigt. Am Lande ist nun stets eine Wache aufgestellt, welche aufmerksam beobachten muss, ob kein Wall in das Garn schwimmt. Sowie das geschicht, muss die Wache in's Boot und rudernd das Netz immer enger und enger schliessen. Aus diesem kleinen Raum wird nun das Thier mit einem Netze herausgefischt und schliesslich getödtet. Es kommen Fälle vor, dass 60—70 Weissfische zugleich in's Garn gehen.

Gleich nach unserer Ankunft machten wir eine Bootsexcursion zur Recherche-Bay, einem Gletscher entlang, der in einer Ausdehnung von beiläufig einer Stunde sich in prachtvoller Zerklüftung zur Bay hinabstürzt. Das Wasser in der Nähe dieses Gletschers war voll von Eisblöcken, welche sich vom Gletscher abgelöst hatten; hie und da fielen einzelne Stücke mit donnerähnlichem Getöse in die dann hoch aufschäumende See.

Es ist dessenthalben auch nie gerathen, sich den Gletschern mit dem Boote zu sehr zu nähern, denn schon allein der Wellenschlag genügt, ein Boot umzuwerfen.

Wir bestiegen am Ende des Gletschers (bei a auf nebenstehender flüchtigen Skizze der Recherche-Bay) das Land. Der Boden war theilweise noch mit Schnee bedeckt, und wenn dieses nicht, doch so feucht und morastig, dass man oft weit über die Knöchel einsank. Die

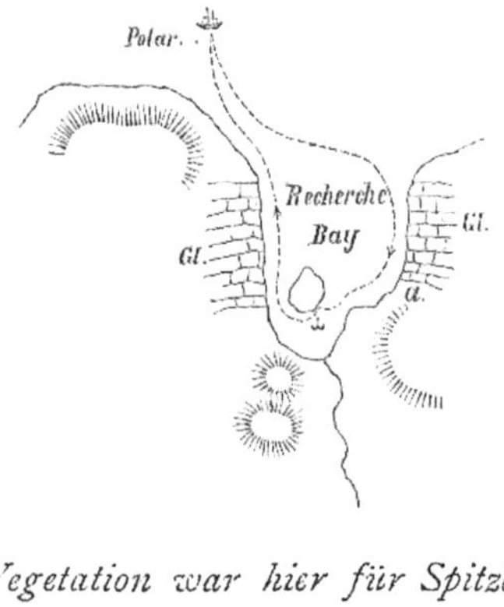

Vegetation war hier für Spitzbergen recht üppig zu nennen. Grosse Bouquets von rothen Saxifragen, auf

grünem Moose gebettet, nahmen sich ganz allerliebst in dieser Einöde aus.

Ich bestieg in der Umgebung einige Hügel, um zu geognosiren. Die Berge bestehen hier theils aus schwarzen mit weissen Adern durchzogenen Kalken, theils aus Talk und chloritischen Schiefern; sie gehören entweder der devonischen oder silurischen Formation an, und wurden dieselben von Professor Nordenskiöld mit dem Namen Hecla-Hook-Schichten belegt. Auch eine eruptive Gebirgsart — Hypersthenit — tritt hier, aber sehr untergeordnet auf; wir werden dieselbe erst im Eisfjord in ihrer ganzen Schönheit kennen lernen.

Im innersten Theile der Recherche-Bay lag eine Yacht, aus Tromsö, ebenfalls auf Weissfischfang, sie war glücklich gewesen und hatte gegen 70 Walle gefangen.

Wir besuchten nun mit dem Boote eine im Innern der Bay befindliche Insel, theils um zu geognosiren, theils um Eidergans-Eier für unsere Küche zu suchen. Die Insel, welche aus chloritischen, der Hecla-Hook-Formation angehörigen Schiefern zusammengesetzt ist, bot sonst wenig geologisch Interessantes; doch waren wir so glücklich, gegen 40 Stück frische Eier zu sammeln. Der grossen Anzahl von leeren Nestern nach zu urtheilen, war dieser Holm schon früher, wahrscheinlich von der Bemannung der Yacht, geplündert worden, und wir fanden nur die später gelegten Eier.

Die Eiderente bleibt auf ihren Eiern ruhig sitzen, bis man fast auf sie tritt, erst dann läuft sie mit watschelndem Gange davon; die Enteriche, welche sich durch ihre Farbe von den Weibchen unterscheiden, sind indessen ziemlich scheu und fliegen gleich in die See.

Durch die schonungslose Plünderung der Holme haben die Eiderenten schon bedeutend an Zahl in Spitzbergen abgenommen, in Norwegen sind sie, seitdem von der Regierung hohe Geldstrafen auf ihre Tödtung ausgesetzt wurden, bedeutend wieder in der Zunahme begriffen. In früheren Jahren giengen von Norwegen eigene Schiffe blos zum Sammeln von Eiderdunen nach Spitzbergen und kamen stets reich beladen zurück. Die Eier sind beiläufig so gross wie gewöhnliche Ganseier, und wenn auch nicht sehr schmackhaft, so doch in diesen Gegenden von grossem Werthe. Die Eidergans selbst schmeckt, wenn ihr Fleisch einige Tage in Wasser gelegt wurde, ganz passabel, während sie in Norwegen wegen ihres thranigen Geschmackes nicht zu geniessen ist.

Auf der höchsten Spitze der Insel sassen einige Grossmöven, unbeweglich wie immer, und blickten melancholisch in die neblige Landschaft. Wir hatten noch oft Gelegenheit, diese grosse Mövenart (sie misst von einer Flügelspitze zur andern gegen 4½ Fuss) zu beobachten. Sie lebt meist mit der Eiderente auf einem Holme zusammen, verschmäht es aber nicht, ihre Eier zu verspeisen, wie sie überhaupt ein gieriger Raubvogel ist. Wir sahen einigemal, wie sie lebende

Rotges (ein kleiner Schwimmvogel) mit Haut und Haar hinunterschluckte.

Von der Insel aus fuhren wir längs der westlichen Küste der Bay an einem Gletscher vorüber zu unserm Schiffe, wo wir nach 7stündiger Bootsfahrt anlangten. Auf dem Rückwege sahen wir noch eine Schaar von Graugänsen auf einen Gletscher laufen. Ich erlegte eine, eine andere sprang in's Wasser und wurde von den Booten mit einer wahren Kanonade von Flintenschüssen empfangen. Erst der achte Schuss machte ihrem zähen Leben ein Ende.

Des Nachmittags machten wir eine Bootsexcursion zu einer Stelle an der Küste, wo nach der Aussage des Kapitäns eines der Fangfahrzeuge sich Steinkohlen finden sollten.

Wir entdeckten das Flötz eine kleine Stunde westlich von unserm Ankerplatze; es wird von einem kleinen, sich vom Berge herabstürzenden Bache gut entblösst. Das Hangende desselben bilden grobe Conglomerate und Sandsteine mit Kohlenbröckchen und Kohlenschmitzen; das Liegende ist Letten, die Kohle selbst ist eine schöne Schwarzkohle, doch nur gegen 2 Fuss mächtig. Etwas weiter östlich von dieser Stelle hat schon früher Professor Nordenskiöld ein Kohlenflötz mit Einschlüssen eines fossilen Harzes entdeckt.

Den Rückweg machten wir zu Lande auf einem Plateau zurück, welches einige 15 — 20° über der steilen Küste sich weit in das Land hinein ausbreitet. Diese Plateaux, welche man so häufig in Spitzbergen antrifft, verleihen der Landschaft einen ganz eigenthümlichen Charakter. Der Boden ist meist bedeckt mit platten Steinen, so dass er manchmal wie gepflastert aussieht. Zwischen den Steinen wachsen einzelne Moose, Saxifragen und Draben kümmerlich heraus. Es sind diese Plateaux wohl oft ehemaliger durch den Druck und die Bewegung aufliegender Eismassen geebneter Gletscherboden.

Den 17. Juli unternahmen wir eine Bootsexcursion zur Axelö und dem Friedhjof-Gletscher. Unsere Absicht, auch die Van Myjen-Bucht, den nördlichen Arm des Bellsundes, zu besuchen, wurde dadurch vereitelt, dass dieselbe, sowie auch die Van Keulen-Bucht noch vollständig voll von Baieneis (Eis vom letzten Winter), also unzugänglich für Boote war.

Auf dem Wege zur Axelö passirten wir einen Vogelberg, auf dem Tausende und Tausende von Möven, Alken und Teisten nisteten. Hier war es, wo wir ein Boot begegneten, in welchem sich Prof. Nordenskiöld aus Stockholm befand.

Wie bekannt, war dieser Gelehrte der Leiter der schwedischen Expedition, welche den letzten Winter in Spitzbergen in der Mosselbay zubrachte. Die Expedition hatte glücklich den Winter überstanden, im Frühjahr eine Schlittentour über das Jnlandseis von Nordostland gemacht und war nun im Begriffe, bald nach Schweden zurückzukehren. Prof. Nordenskiöld war mit dem Expeditions-Dampfer nach dem Eisfjorde gefahren und war, während das Schiff *behufs eines nochmaligen Versuches, nach Norden vorzudringen, zur Mosselbay zurückfuhr, mit dem Boote eines im Eisfjorde befindlichen Weissfischfängers nach dem Bellsunde gefahren, um hier einige geologische Beobachtungen zu machen. Meine Einladung, mit unserem Schiffe die Rückreise zum Eisfjorde zu machen, nahm derselbe freundlichst an, er bestieg unser Boot, und wir setzten nun die beabsichtigte Excursion gemeinschaftlich fort.*

Die Axelö ist eine schmale, über eine Meile lange Insel, welche eine Art Damm vor der Van Myjen-Bucht bildet und diese Bay vom offenen Meere so abschliesst, dass nur zwei enge Sunde rechts und links bleiben, durch welche zu rudern es bei entgegengesetzter Strömung beinahe unmöglich ist. Bei der Fluth strömt das Wasser mit grosser Gewalt aus der Bay, bei der Ebbe in die Bay.

Die Insel besteht aus fast senkrecht stehenden, mit der Längs-Ausdehnung der Insel parallel streichenden Schichten, welche der Steinkohlenformation, und zwar dem Bergkalk angehören und eine ungeheuere Anzahl von versteinerten Corallen und Conchylien-Schalen, Zeugen einer einst auf Spitzbergen herrschenden bedeutend höheren Temperatur, enthalten. Das Gestein ist theils Kalk, theils Feuerstein und Quarzit.

Als wir von der Axelö wieder zu unserem Boote gelangen wollten, fiel plötzlich, wie es in diesen Gegenden so häufig geschieht, ein dichter Nebel, und wir vermochten weder den auf der Insel mit den

Matrosen nach Eidergänsen jagenden Capitän, noch unser Boot zu finden. Nach langem Suchen und Rufen wurden wir endlich durch einige Kugeln, welche knapp vor unsern Ohren vorbeisummten, überzeugt, dass sich der Capitän in unserer Nähe befand. Inzwischen hob sich der Nebel etwas, wir erreichten unser Boot und fuhren zum westlichen Ende des auf der nördlichen Küste des Fjords liegenden Friedhjof-Gletschers einer breiten, schön zerklüfteten Eismasse.

An derselben Stelle, wo sich jetzt dieser gewaltige Gletscher befindet, war noch im Jahre 1858, als Prof. Nordenskiöld zum ersten Male Spitzbergen besuchte, ein ausgezeichneter Hafen, und weit im Hintergrund befand sich ein Gletscher. Erst im Jahre 1860 bewegte sich derselbe thalabwärts und füllt nun den ganzen früheren Hafen aus.

Am Landungsplatz nahmen wir unser Mittagmahl ein und giengen dann auf die westlich vom Friedhjof-Gletscher gelegenen Abhänge, an welchen in der Bergkalk-Formation Hypersthenit lagerförmig auftritt. Um 7 Uhr Abends bestiegen wir unser Boot und befanden uns um 10 Uhr Abends auf unserm Schiff, die Anker wurden gelichtet, und wir fuhren zum Eisfjorde, wo wir wegen widrigen Windes erst den andern Tag Abends anlangten.

III. KAPITEL.

Eisfjord.

Prof. Nordenskiöld verliess uns hier, indem er zu seinem nicht weit vom Schiffe gelegenen Zelte am Cap Staratschin zurückkehrte, welches in seiner Abwesenheit von zwei Lappen, die auch die ganze Expedition mitgemacht hatten, und einem in Spitzbergen unter dem 80°. N. B. gebornen Hunde bewacht wurde.

Ich bestieg noch am Abende einen gegenüber unserm Ankerplatze gelegenen Berg und nahm hier ein recht interessantes geologisches Profil auf. Der Berg besteht aus gegen Mittag streichenden Bergkalkschichten, darunter einige Lagen ungemein reich an Korallen, Productus, Spirifer, Terebratula u. s. w. Drei Lager von Hypersthenit sind concordant mit den Schichten im Bergkalk eingelagert. Ich blieb bis nach Mitternacht auf dem Berge und ergötzte mich an der durch die Mitternachtssonne herrlich beleuchteten Aussicht auf die Gebirge von Prinz Carls-Vorland.

Am Morgen des 19. Juli begaben wir uns mit Boot zum Zelte von Prof. Nordenskiöld und machten mit ihm eine Excursion zum Green-Harbour. Die Stelle am Cap Staratschin, wo der Professor sein Zelt aufgeschlagen hatte, wird unter den Spitzbergen-Jägern Festningen genannt.

Mitten aus einem steinigen Plateau, welches in über 12⁰ hohen steilen Abstürzen zum Meere abfällt, erhebt sich eine senkrechte Wand von Quarzitgestein, ein Glied der dort auftretenden Kreideformation.

In diesem Felsen sieht man überkopfgrosse bombenartige Concretionen von gelblicher Farbe eingesprengt, so dass das Ganze den Eindruck einer von Kanonenkugeln gespickten Festungsmauer macht.

Nicht weit vom Zelte befindet sich eine Grabstätte, angeblich die des russischen Jägers Staratschin, der hier über 30 Winter gelebt haben soll und als Greis auch daselbst starb. Es ist ein roh gezimmerter, bretterner Sarg, kaum mehr als einen Fuss tief in die Erde eingelassen.

Vom Cap Staratschin aus fuhren wir mit unsern Booten längs der Küste und besuchten hier ein tertiäres Kohlenlager, welches im sogenannten Taxodien-Schiefer auftritt. Die Taxodien, welche heutigen Tages in den Südstaaten Nordamerikas zu Hause sind, sind Pflanzen, welche nach Heer eine mittlere Sommer-Temperatur von 14 — 15⁰ C. verlangen, eine Temperatur, welche wir beiläufig im südlichen Skandinavien heutzutage antreffen.

Dieselben geben uns hiemit den Beweis, dass noch in der Tertiärzeit, und zwar in der Miocänperiode die Temperatur in Spitzbergen um ein Bedeutendes höher als die jetzige war.

Ausser Resten von Taxodien fand man an dieser Stelle noch Blatt-Abdrücke von Pappeln,

Weiden, Erlen, Buchen, Platanen, Linden u. s. w. Nachdem wir noch die ebenfalls an den Küsten auftretende Juraformation untersuchten, nahmen wir am Strande ein kleines Mittagsmahl ein. Leider verdeckte uns ein dichter Nebel die Aussicht auf die umliegenden Berge. Wir kehrten hierauf zum Zelte des Professors zurück, wo wir noch lange bei einigen Gläsern Punsch beisammen sassen und uns über Nahes und Fernes unterhielten. Erst lange nach Mitternacht verabschiedeten wir uns und kehrten zu unserem Schiffe zurück.

Wir beabsichtigten, sogleich mit unserm Schiffe das Nordfjord, die nördlichste Verzweigung des Eisfjordes, zu besuchen, konnten aber wegen dichten Nebels erst spät Abends die Anker lichten.

Am folgenden Tage Früh gerieth unser Schiff in Baieneis, welches die Strömung aus dem Innern der Fjorde herausgetrieben hatte.

Wir arbeiteten uns indess durch Abstossen mit Stangen bald wieder heraus. Es war ein herrlicher, vollkommen klarer, warmer Tag; wir hatten 10° C. Da jedoch die Windstille stets anhielt, und wir nur sehr langsam vorwärts kamen, so beschloss ich, eine Excursion zum Saurierberg auf einen oder zwei Tage zu machen, während welcher Zeit das Schiff wohl im Nordfjord angelangt sein dürfte.

Das Boot wurde hierauf mit Proviant für einige Tage, dem Zelt, Compass u. s. w. ausgerüstet, und bald fuhren wir mit raschen Ruderschlägen gegen den drei Meilen vom Schiffe entfernten Sau-

rierhook, ein Vorgebirge, welches sich zwischen dem Nordfjord einerseits und der Klaas-Billenbay anderseits erhebt. Nach vierstündiger, einigemal durch Baieneis etwas erschwerter Fahrt langten wir dort an und schlugen unser Zelt am Strande eingangs des sogenannten Rennthierthales auf. Es ist dies ein breites, von einem ansehnlichen Flusse durchströmtes Thal, welches, von steilen Bergen eingesäumt, sich tief in das Innere hinein erstreckt und ein ausgezeichneter Jagdplatz für Rennthiere sein soll. Wir sahen indessen ausser Fährten nichts von diesen Thieren; es waren jedenfalls schon vor uns Leute von Fangfahrzeugen hier auf Jagd gewesen, und die Rennthiere hatten sich, scheu gemacht, mehr in das Innere des Thales zurückgezogen.

Die zuerst auf solch guten Jagdplätzen Ankommenden treffen die Thiere meist hart an der Küste weidend an und machen so mit geringer Mühe gute Beute, während die Späteren weit in den Thälern jagen müssen, woraus das Tragen der erlegten Rennthiere bis zu den Booten an der Küste unendlich beschwerlich ist, wiegt doch ein ausgewachsenes und ausgeweidetes Rennthier 1—1½ Centner.

Noch spät am Abende machte ich allein einen Ausflug zu einem Berge, der sich nördlich von unserm Lagerplatze erhob. Ich fand hier reichlich Versteinerungen und interessante geologische Verhältnisse, so dass ich beschloss, den nächsten Tag einer genauen Untersuchung dieses Berges zu widmen. Die Sonne schien die ganze Nacht behaglich erwär-

mend uns in's Zelt hinein. Am Morgen wurde ich von einem Matrosen geweckt, der mir meldete, dass wenige hundert Schritt vom Zelte ein junger Eisbär zu sehen sei. Ich machte mich schnell mit der geladenen Flinte in der Hand auf die Beine und gewahrte noch eben, wie der vermeintliche Eisbär, es war ein Gebirgsfuchs in seiner weissen Wintertracht, sich mit grossen Sätzen aus dem Staube machte.

Nach dem Frühstücke bestiegen wir nun den schon den vorigen Tag von mir besuchten Berg; diesmal von einer anderen, etwas leichter zugänglichen Seite.

Nachdem wir über oder vielmehr durch einen Fluss gewandert waren, erklommen wir längs eines Bachrinnsales den Berg. Derselbe gehört, sowie das ganze Vorgebirge überhaupt, der Triasformation an. Zu unterst schreitet man über schwarze bituminöse Mergel, welche reich an Cephalopoden, Conchylien-Resten und Coprolithen, versteinerten Excrementen von Sauriern, sind; weiter oben kommen Sandsteine, und endlich ein 5⁰ mächtiges Lager von Hypersthenit, welches in prachtvollen 6seitigen Säulen abgesondert ist.

Diese Hypersthenitbänder sind es hauptsächlich, welche der Ersteigung so vieler Berge im Eisfjord ein schwer überwindliches Hinderniss entgegenstellen; stets verwittert und bröcklich, reisst jeder Fusstritt eine wahre Lawine von Felsmassen mit sich, und gewährt dieses morsche Gestein nicht den geringsten Stützpunkt. Das soeben beschriebene Hypersthenitband bildet die erste Stufe eines langgestreckten Plateau's, welches sich als Schluss dieses Berges über 2 Stunden lang längs der Küste zum Nordfjord erstreckt.

Ueber dem Hypersthenitband befindet sich weiter nach Norden hin als zweite Stufe ein rother Sandstein, hierauf ein feinblättriger Thonschiefer, weiter nach Norden Sandstein mit grossen scheibenähnlichen eisenhaltigen Concretionen, dann wieder ein schmales Hypersthenitlager und schliesslich schön geschichtete blaue Kalke.

Das Plateau oben ist vollkommen kahl, ohne die geringste Spur von Vegetation; ein schneidend kalter Wind pfiff uns um die Ohren, der umsomehr uns verdross, da wir beobachten konnten, wie unser Schiff mit schlaffen Segeln ohne jede Spur einer Brise fast noch auf derselben Stelle wie Tags vorher lag.

Reich mit Steinen beladen, kehrten wir zu unserm Zelte zurück. Während wir unser Mittagsmahl einnahmen, bekam unser Schiff indessen guten Wind und steuerte mit vollen Segeln dem Nordfjord zu. Wir setzten uns bald darauf in unsere Boote, und in 2 Stunden erreichten wir Polarstjernen im Nordfjorde, der hier schon vor Anker lag.

Nach einigen Stunden Rast begab ich mich mit dem Capitän zu dem den östlichen und westlichen Arm des Nordfjordes trennenden Lande, um Rennthiere zu jagen.

Es dauerte nicht lange, so bemerkten wir hinter einem Hügel zwei weidende Thiere. Wir schlichen uns langsam näher und schossen. Der Capitän er-

legte ein Stück, ich fehlte. Das Rennthier, es war ein junges, zwei Jahr altes, noch mit schlechtem Geweihe, wurde in's Boot gebracht, und wir verfolgten nun das andere, welches ruhig weiter trabte. Wir versuchten, dasselbe in einem Bogen zu umgehen, überzeugten uns jedoch, nachdem wir über eine Stunde durch Morast und Sumpf gelaufen waren, dass das Wild von uns Witterung bekommen hatte und uns schon voran war. Wir feuerten indessen auf 400 Schritt einige Kugeln ohne Erfolg nach und mussten nun einige Zeit von der Verfolgung ablassen, um das Thier zur Ruhe kommen zu lassen. Bald fühlte sich unser Rennthier wieder sicher und weidete ruhig weiter; diesmal gelang es uns, auf einem grossen Umwege dem Thiere gegen den Wind bis auf 60 Schritt beizukommen, und ich erlegte es, eine drei Jahr alte Kuh. Auf dem Rückweg zum Boote bemerkten wir in einiger Entfernung einen Fuchs, der aber bald hinter einem Hügel verschwand. Wir verfolgten ihn und erkannten bald an der Menge von Federn, Knochen und Vogelskeletten, dass wir uns in der Nähe eines Fuchsbaues befänden. Meister Reineke wohnte sehr vornehm. Sein Bau war in einem Hügel von blendend weissem Alabaster, einem Gliede der hier vorkommenden Bergkalkformation, angelegt. Der Alabaster bietet durch die vielen Höhlen, welche das auflösende Wasser aus ihm wäscht, einen ausgezeichneten Schlupfwinkel.

Zwei alte Füchse, die noch nicht ihr Winterkleid ganz abgelegt hatten und braun und weiss ge-

fleckt erschienen, sassen mit einem Sprössling vor dem Bau. Der junge Fuchs, der sich nicht zeitig genug zurückzog, wurde erlegt.

Des anderen Tages Früh machte ich mich mit meinem Reisegefährten auf den Weg, um die bei der Jagd besuchte Gegend geologisch zu untersuchen. Der Weg führte uns wieder vor dem Fuchsbau vorüber, und wurde ich diesmal recht herzlich von einem Bewohner desselben gefoppt. Wohl 5- oder 6mal gelang es mir, mich auf dem Bauche schleichend ihm beinahe auf Schussweite zu nähern, und immer wieder wurde er meiner ansichtig, sprang einige hundert Schritt weiter und erwartete mich wieder mit heiserem Geschrei auf dem Gipfel eines Felsens. Endlich kletterte er einen steilen Berg hinan, wo er einer dort nistenden Vogelcolonie von Rotges einen wahrscheinlich sehr unwillkommenen Besuch abstattete.

Ich vertauschte nun das Gewehr mit dem Hammer und bestieg einen schroffen Berg, der sich gegen das die Spitze der Landzunge bildende Flachland herabsenkt. Ein schöner Wasserfall, der sich vom höchsten Punkte des Berges herabstürzt, hat einen tiefen Thalkessel ausgehöhlt, um welchen sich die steilen Bergwände im Halbkreise erheben. Auf der kleinen beigegebenen Skizze der Landzunge, welche auf keine kartographische Genauigkeit Anspruch macht, ist der Berg mit dem Namen Arena bezeichnet. Dieser Thalkessel hat nun ein prächtiges geologisches Profil aufgeschlossen. In breiten, zu unterst weissen und rothen, dann schnell abwechselnd rothen und schwarzen

Bändern sieht man die Schichten durch's Gebirge ziehen. Die Arena besteht, wie das ganze Vorgebirge, aus Bergkalk. Zu unterst eine mächtige Lage von blendend weissem feinkörnigen Alabaster, dann Gypsmergel, rothe ungemein versteinerungsreiche Sandsteine, die zu oberst mit versteinerungslosen schwarzen Mergeln

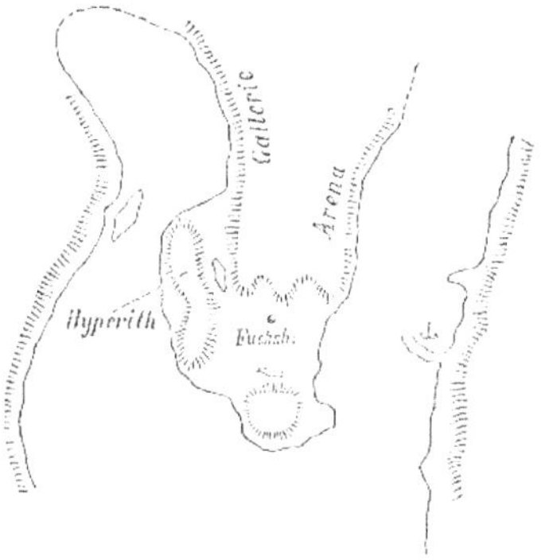

abwechseln. Ungeheure Massen von Gerölle erschwerten die Besteigung des Berges ungemein. Eine prachtvolle Aussicht lohnte reichlich die Mühe der Erklimmung. Wie auf einer Landkarte sah ich zu meinen Füssen die verschiedenen Arme und Buchten des Eisfjordes ausgebreitet. Gegen Norden blickte ich bis in das Innerste der noch zugefrornen beiden Arme des Nordfjordes, hinter einer Sandbank lag Polarstjernen vor Anker. Im Osten erhebt sich das langgestreckte Plateau des Cap Thordsen-Massivs, im Süden eine ungeheure Gletschermasse, die sich im Hintergrunde zu dem unzugänglichen Högh inlandsis Spitzbergens aufbaut. Im Westen fesselte den Blick eine Reihe von seltsam pyramidenähnlich geformten Bergspitzen, die steil gegen den westlichen Arm des Nordfjordes abfallen. Alle die einzelnen kleinen und grossen Gletscher, die gleich erstarrten Bächen sich in's Meer ergiessen, schmelzen im Hintergrunde zu einer einzigen furchtbaren Eismasse zusammen, die sich nur schwach von dem bleichen Firmamente abhebt.

Vom Berge herabgestiegen, giengen wir über den Fuchsbau zur westlichen Seite des Vorgebirges. Ein junger Fuchs, der ruhig vor seinem Baue schlief, war schliesslich doch das Opfer meiner Jagdlust.

Zum westlichen Strande gehend, muss man über ein sumpfiges, von kleinen Süsswasserseen bedecktes Land gehen, bis man zu einem längs der Westküste sich erstreckenden kleinen Hügelzug kommt, welcher aus in prachtvollen Säulen abgesondertem Hypersthenit besteht.

Parallel mit der Küste auf der andern Seite des Flachlandes zieht sich ein hoher Gebirgszug in das Innere hinein, der geologisch ebenso wie die Arena zusammengesetzt ist, aber einen noch imposanteren Eindruck macht.

Indem einzelne schwer verwitterbare Schichten aus den Abhängen hervorstehen und diese wieder durch die herabstürzenden Gewässer vielfach durchbrochen sind, macht das Ganze den Eindruck von colossalen Bogengängen, die drei- und vierfach übereinander laufen. Unser Steuermann verglich diesen Gebirgszug treffend mit dem Dogenpalaste von Venedig. Auf der beigegebenen Skizze ist er mit dem Namen Gallerie bezeichnet.

Weiter gegen Norden treten dann Sandsteine und Conglomerate auf, welche der Hecla-Hook-Formation angehören.

Ich beschloss, den nächsten Tag der geologischen Untersuchung des östlichen Theiles dieses Vorgebirges zu widmen, und kehrte spät Abends zum Schiffe zurück. Indessen sollte ein Umstand, der für uns leicht sehr fatal hätte ausfallen können, uns zum baldigen Verlassen des Nordfjordes zwingen.

Es war am 24. Juli, Nachts 3 Uhr, als wir plötzlich durch ein heftiges Geräusch geweckt wurden, welches wir sogleich als das eines durch Eis fahrenden Schiffes erkannten. Der Lärm wurde immer stärker und stärker, unser Schiff neigte sich mehr und mehr auf eine Seite; endlich gab es einen kräftigen Stoss, dass Alles in der Cajüte durcheinanderfiel.

Wir eilten schnell auf's Verdeck und sahen nun unser Schiff vollkommen auf der Seite liegend, wenige Schritte von der Sandbank, hinter welcher wir Anker geworfen hatten.

Rings um das Schiff lagen gewaltige Eisblöcke, hoch bis an's Land aufgestaut. Die Ursache dieses unerwarteten Ereignisses war folgende: Das Innerste vom östlichen Arme des Nordfjordes war noch voll von Baieneis; in der Nacht wurde durch die von der Ebbe bewirkte Strömung, welche mit grosser Schnelligkeit der Fjordmündung zueilte, das Eis gegen unser Schiff getrieben, der Anker und das Fahrzeug wurden durch die Gewalt der schwimmenden Eismassen gegen die Sandbank, hinter welcher wir lagen, geschleppt, eine Eisscholle nach der andern schob sich unter den Kiel des Schiffes, bis endlich Polarstjernen auf den Grund stiess und noch vollends durch die andrängenden Schollen auf die Seite geworfen wurde.

Polarstjernen vom Eise auf die Sandbank gesetzt.

Wir mussten nun, um unser Schiff wieder flott zu machen, die Fluth abwarten. Der Ballast wurde auf der dem Meere zugewendeten Seite concentrirt, einige 20 Tonnen Wasser, die als Ballast dienten, wurden ausgepumpt, beim Eintreten des höchsten Wasserstandes mit grosser Mühe die Anker gelichtet, und langsam hob sich das Schiff und schwamm unter lauten Freuderufen der Mannschaft dem tiefen Fahrwasser zu.

Wir mussten von Glück sagen, diesmal so guten Kaufes davongekommen zu sein; ein älteres, weniger starkes Schiff hätte unfehlbar einen Leck davongetragen.

Polarstjernen steuerte nun fröhlich der Klaas-Billenbay zu; es währte indessen nicht lange, so trat wieder vollständige Windstille ein, welche die ganze Nacht anhielt. Ich beschloss deshalb eine Boots-Excursion zu dem Thale am Cap Thordsen, in welchem die 17 Norweger den letzten Winter zubrachten, zu machen. Auf der kleinen beigegebenen, ebenfalls nicht auf Genauigkeit Anspruch machenden Skizze habe ich es unter dem Namen Norwegerthal angeführt. Wir landeten bei a und giengen dann über einen aus schwarzen bituminösen Schiefern bestehenden Abhang auf ein von einem schön säulenförmig abgesonderten Hypersthenitlager gebildetes Plateau von grosser Ausdehnung.

Ein Schneehuhn, welches einsam zwischen den Steinen herumsprang, fiel unsrer Küche zum Opfer. Das Spitzbergen-Schneehuhn soll sich nach Malmgren von dem norwegischen etwas unterscheiden; es ist einer der wenigen Vögel, welche den Winter in Spitzbergen zubringen. Die schwedische Expedition hat im Winter 1872—1873 deren gegen 100 erlegt.

Das Plateau endigt plötzlich in einem steilen Abfalle gegen ein breites von Bächen durchströmtes Thal, zu welchem wir hinabstiegen. Hier sind wieder die bituminösen Mergel prachtvoll aufgeschlossen. Sie enthalten hier grosse, oft mehrere Fuss im Durchmesser habende Kalkknollen, in welchen sich eine Fülle von prachtvollen Versteinerungen vorfindet. Die Knollen sind oft ganz von Bitumen und Asphalt durchtränkt und enthalten in den Spalten schön krystallisirten Kalkspath.

Wir sammelten eine grosse Menge dieser Versteinerungen, und mein Reisegefährte war so glücklich, die ziemlich gut erhaltenen Reste eines Wirbelthieres zu finden.

Mit Versteinerungen reich beladen, giengen wir zur Thalsohle. Hierselbst befinden sich zwei hölzerne Häuser, errichtet von einer schwedischen Gesellschaft, welche im Jahre 1872 ein Schiff aussandte, um die hier vorkommenden reichen Lager von Coprolithen für die Guanofabrication auszubeuten.

Das untere, an der See liegende Gebäude ist Materialienhaus, das obere Wohnhaus; vor beiden vorüber geht zur See eine Eisenbahn, auf welcher die Steine von der Arbeitsstelle zu den Schiffen geführt wurden.

Das Wohnhaus war zur Zeit, da die 17 Norweger hier überwinterten, reichlich mit Lebensmitteln und Hausgeräthschaften versehen, da die Gesellschaft früher daran dachte, auch im Winter hier arbeiten zu lassen. Ich glaube, dass es für den freundlichen

Leser nicht ohne Interesse sein wird, wenn ich etwas über das Schicksal dieser Unglücklichen hier erzähle. Dasselbe hängt aber so innig mit Andern zusammen, dass ich etwas weiter ausholen muss, als es vielleicht die Geduld des Lesers erlaubt.

Die schwedische Expedition, welche den Winter in der Mosselbay zubrachte, hatte sowohl die Brigg Gladam als auch das Dampfschiff Onkel Adam für den Transport von Kohlen zur Ueberwinterungs-Station gemiethet. Am 12. September, als die beiden Schiffe soeben die Heimreise antreten wollten, wurden sie von Treibeis vollständig besetzt und mussten überwintern, ein für die Expedition sehr unangenehmes Ereigniss, indem sie nun ihren für 27 Mann bestimmten Proviant mit den 33 Leuten der beiden andern Schiffe, welche nicht für den Winter verproviantirt waren, theilen mussten. Nicht weit von der Mosselbay, am andern Ende der Wydie-Bay bei Grey-Hook, hatten sechs norwegische Fahrzeuge dasselbe Schicksal. Indessen gelang es schliesslich zwei Schiffen, sich durch's Eis zu sägen und die Bemannung der andern Schiffe an Bord zu nehmen, ausgenommen 17 Leute, welche nicht mehr untergebracht werden konnten und sich bereit erklärten, den Winter im schwedischen Hause im Eisfjord zuzubringen, zu welchem sie mit Booten längs der Küste fuhren. Die beiden andern Schiffe gelangten glücklich nach Norwegen, doch war das eine durch Eis so arg mitgenommen, dass es in Hammerfest von der Assecuranz als Wrak declarirt wurde. Die 17 Mann waren, wie aus dem Journal zu sehen ist, welches im Hause im Eisfjord vorgefunden wurde, glücklich mit den Booten im Eisfjord angekommen, wurden aber in den Monaten Februar bis April einer nach dem andern vom Scorbut hinweggerafft. Der letzte Mann wurde von dem Capitän des Dampfschiffes Onkel Adam, als er im Juli das Haus besuchte, in Pelzkleidern angethan, das Haupt auf die Hand gestützt, todt aufgefunden. Die übrigen Leichen lagen theils vor dem Hause schlecht begraben, theils noch im Hause selbst.

Der traurige Ausgang dieser Ueberwinterung ist nur dem völligen Mangel an Disciplin in Ermanglung eines Oberhauptes zuzuschreiben.

Die Leute brachten wahrscheinlich den ganzen Tag mit Essen und Schlafen zu, während das einzige Mittel gegen Scorbut Bewegung und Arbeit in freier Luft ist. Wie sich bei der Revision der Lebens-Vorräthe herausstellte, lebten die Leute meistens von gesalzenem Fleisch, während sie alle antiscorbutischen Mittel, wie eingelegte Früchte, Conserven etc., unberührt liessen. Von den 60 Leuten, welche den Winter in der Mosselbay zubrachten, starb auch nicht Einer an Scorbut.

Capitän Tobiesen überwinterte im Jahre 1864 auf Bären-Eiland mit 6 Matrosen, und alle kamen wohlbehalten zurück.

Nicht weit vom Hause liegen die 15 Norweger (die zwei andern Leichname wurden nicht aufgefunden) begraben. Sie lagen in ihren Betten, oben blos mit etwas Erde zugedeckt, so dass man die Füsse der Körper noch sehen konnte; die Erde war noch zu gefroren gewesen, als dass man sie anders bestatten konnte; ein einfaches Kreuz ist über der Stelle errichtet, mit folgender Inschrift in norwegischer Sprache:

„Hier ruhen 15 Norweger, gestorben im Frühjahr 1873. Friede ihrer Asche."

Wir verliessen bald diese traurige Stätte und kehrten zu unserm Schiffe zurück, welches mittlerweile von der Strömung noch ein gutes Stück rückwärts getrieben war.

Der Morgen des anderen Tages fand uns auf derselben Stelle, und ich beschloss, eine Excursion zu den Gansinseln und der gegenüberliegenden östlichen Küste der Klaas-Billenbay zu machen.

Die Gansinseln sind zwei kleine, niedrige, blos durch einen engen seichten Sund getrennte Inseln, die aus Hypersthenit bestehen, der auf der einen Seite in schönen Säulen zum Meere abfällt.

Es gelang uns schwer, einen Landungsplatz zu finden, da sich das Meer hier an einer Unzahl von Klippen brandend bricht. Eine grosse Menge von Eidergänsen, welche auch der Insel ihren Namen gegeben haben, nisten auf der Insel, mit ihnen zusammen Grossmöven und Tärnen. Die Nester wurden natürlich von den Matrosen ihres Duns und der Eier beraubt. Auf dem Plateau der Insel befanden sich ausser vielem Treibholz, erratischen Blöcken und Wallfischskeletten die blauen Schalen einer jetzt nicht mehr in Spitzbergen lebenden Conchylie: Mytilus edulis. Diese Muschel erreicht heutzutage in Norwegen vermöge der Temperatur-Verhältnisse ihre nördlichste Grenze, also wieder ein Zeichen, dass in früheren Zeiten die Temperatur Spitzbergens höher als jetzt war; so sehr ferne kann diese Zeit nicht liegen, da die gänzlich unbedeckt daliegenden Schalen meist noch vollkommen ihre schön blaue Farbe bewahrt haben.

Da sich diese Conchylien-Reste mindestens 10 Fuss über dem höchsten Wasserstand befinden, so muss das Land sich seit dem Sinken der Temperatur gehoben haben.

Von der Insel aus fuhren wir zur gegenüberliegenden Küste der Klaas-Billenbay; es treten hier dieselben Gesteine wie im Nordfjord auf. Nach einem kurzen Mahle kehrten wir zu unserm Schiffe zurück. Dieses hatte inzwischen guten Wind bekommen und steuerte uns mit vollen Segeln entgegen, ein prächtiger Anblick für uns, an die stete Windstille Gewöhnte, wie der schmucke Schooner die Wellen majestätisch durchschnitt.

Am Abende ankerten wir in der Skansbay, einer kleinen Bucht an der westlichen Küste der Klaas-Billenbay. Daselbst lag auch das schwedische Expeditions-Dampfschiff Polhem vor Anker.

Die Bucht war von steilen Bergen eingeschlossen, aus derselben Formation bestehend und auch denselben säulengangähnlichen Charakter habend wie die Berge im Nordfjord.

Am Ende der Bucht öffnet sich ein breites, von colossalen Bergen eingeschlossenes Thal, welches von einem Flusse durchströmt ist; den Schluss dieses über eine Meile langen Thales bildet ein schöner Gletscher, dem der Fluss seinen Ursprung verdankt.

Ein starkes Unwetter draussen im Fjorde verhinderte uns, einen Ausflug zu machen; Nachmittags machten wir indessen einen Versuch in dem Thale auf Rennthiere zu jagen, bekamen aber keine zu Gesichte, wie überhaupt die ganze Bay und das Thal über alle Maassen öd und traurig sind.

Am Abende erhielten wir vom Capitän des Expeditions-Schiffes, Herrn Pallander, eine Einladung, auf das Schiff zu kommen. Wir unterhielten uns mit den ungemein liebenswürdigen Herren bei einem Glase Grogg bis spät in die Nacht hinein.

Prof. Nordenskiöld war auf einer Bootsfahrt zum Cap Bohemann abwesend.

Am Morgen des 28. Juli liess das stürmische Wetter nach, und wir machten einen Ausflug in das Innere der Klaas-Billenbay. Wir passirten zuerst links am Eingange zu unserm Ankerplatze einen sogenannten Vogelberg, auf welchem Tausende von Rotges, Teisten, Lunnen und Meerschwalben in den Ritzen und Spalten nisteten und mit unaufhörlichem Geschrei hin- und herflogen.

Als wir ein Stück weiter fuhren, bemerkten wir den Kopf einer Storkobbe, welche neugierig aus dem Wasser sah.

Die Storkobbe (Phoca barbata) ist eine Seehundsart, die nur in den arctischen Gewässern vorkommt und eine Länge von 7 Fuss mit entsprechender Breite erreicht. Sie wird von den Spitzbergen-Jägern eifrig ihrer 2—3 Zoll dicken Specklage und der Haut wegen gejagt. Wir eröffneten sogleich eine erfolglose Kanonade, indessen schwankte das Boot sehr, und ist es eben nicht leicht, dann mit der Kugel zu treffen. Der freundliche Leser wird sich dabei wohl auch des bekannten Sprichwortes erinnern:

„Ich suche noch immer mit Müh und Fleiss
Den Jäger, der keine Ausred' weiss!"

Die Robbe tauchte unter und schwamm unter Wasser längs des Ufers. Wir folgten ihr mit dem Boote, der Capitän hielt die Harpune bereit, um sie zu stechen, bald wurde auch ihr breiter Rücken über dem Wasser sichtbar, und mit einem kräftigen Wurf sass ihr die Harpune tief im Rücken. Die Harpune, die man zum Fange der Storkobbe braucht, ist sichelähnlich geformt, scharf geschliffen und sitzt lose in einer langen Wurfstange. Steckt die Harpune fest, so zieht man die Wurfstange heraus und befestigt eine an der Harpune angebrachte Leine am Boote. Alles dieses geschah in wenigen Secunden, die Robbe bugsirte einige Zeit unser Boot, bis sie endlich den Kopf aus dem Wasser steckte und durch eine wohlgezielte Kugel hinter das Ohr vom Capitän erlegt wurde.

Wir ruderten nun mit dem Thiere an's Land, woselbst es abgehäutet wurde.

Während dem gieng ich einige Hundert Schritt längs des Ufers zurück, um eine früher von mir vom Boote aus am Strande erlegte Graugans zu holen; eine Grossmöve hatte sich aber indessen über sie hergemacht und den guten Braten mit Haut und Haar hinuntergeschluckt.

Wir fuhren nun längs des westlichen Ufers bis an's Ende der Klaas-Billenbay, während welcher Fahrt noch von uns zwei Seehunde erlegt wurden. Einige Male wurde an's Land gestiegen, um zu geognosiren. Die Berge im ganzen nördlichen Theile des Eisfjordes haben meist einen sehr einförmigen Charakter, steil aufsteigend, mit Unmassen von Geröll bedeckt und dadurch oft fast unersteiglich, hie und da einige grüne Rasenplätze, oben plötzlich mit einem meist schneebedeckten Plateau endigend. Der südliche Theil der Klaas-Billenbay besteht aus schön geschichtetem Bergkalk mit schwachen Einfallen nach Südwest. Mehr im Innern der Bay treten zuerst roth und grün gebänderte Sandsteine und schliesslich rothe Sandsteine und conglomeratartige Bildungen auf, welche den Bergkalk unterlagern. Die Sandsteine sind meist steil aufgerichtet, am Ende der Bay senkt sich wieder vom nördlichen Gehänge der Bergkalk herunter, hier durch schönen Alabaster vertreten.

Der Fjord wird schliesslich stets seichter, und fünf kleine Gletscher, die einigen Bächen reichlich Nahrung geben, schliessen endlich das Ganze.

Nachdem wir noch vergebens einen kleinen Ausflug auf ein vorliegendes ziemlich grünes Flachland machten, um Rennthiere zu schiessen, kehrten wir zu unserm Boote zurück, um die Rückfahrt anzutreten; es hatte sich jedoch inzwischen ein heftiger Wind erhoben, der eine Fahrt auf dem in grossem Aufruhr befindlichen Wasser unmöglich machte. Wir schlugen unser Zelt auf und warteten auf besseres Wetter. Ich benutzte diese Zeit, um einige Bergabhänge zu besteigen und geologisch zu untersuchen. Alle Bäche am Ende der Bay bringen Stücke von schön schwarzer Kohle mit sich, es gelang mir indessen nicht sie anstehend zu finden.

Nach Mitternacht hatte sich der Wind etwas gelegt, und wir ruderten bei einer schneidenden Kälte zu Polarstjernen zurück, wo wir um 5 Uhr Morgens ankamen. Die Berge waren alle bis tief hinunter mit frischem Schnee bedeckt.

Den folgenden Tag musste wieder wegen herrschenden Unwetters im Hafen geblieben werden; erst am 30. Juli Früh lichteten wir die Anker und fuhren zur Adventbay. Während der Fahrt trat wieder die lästige Windstille ein, und unser Schiff musste mit den Booten in die Bucht bugsirt werden. Wir ankerten hinter einer schmalen, den grössten Theil der Bucht vom Meere absperrenden Sandbank, auf welcher sich noch die spärlichen Ueberreste eines Russenhauses, aus jener Zeit, wo die Russen noch häufig in Spitzbergen dem Fang oblagen, fanden. Nicht weit davon lag am Strande das Wrak eines norwegischen, hier durch Eis zu Grunde gegangenen Fahrzeuges. Die Berge um die Advent-

bay herum sind steil gegen die See abfallend und endigen in Plateaux.

Im Hafen angekommen, begab ich mich sogleich an's Land, um die hier vorkommenden Juraschichten, welche von Tertiärschichten überlagert werden, anzusehen. Das Resultat einer mehrstündigen Excursion waren einige schlecht erhaltene Versteinerungen.

Nachmittags begab ich mich mit dem Capitän und mehreren Matrosen auf die Rennthierjagd, um nach langer Zeit wieder frisches Fleisch geniessen zu können. Wir giengen zu diesem Behufe über 4 Stunden durch ein breites, zuerst nach S O, dann östlich laufendes Thal, durch welches ein breiter Fluss strömt, der sich in die Adventbucht ergiesst. Auf den Bergen, die dieses Thal umgeben, sahen wir keine Spur von Gletschern, und wäre es äusserst interessant, das Thal so weit als möglich zu verfolgen. Die Berge bestehen hier alle aus Tertiärgesteinen und scheinen, nach den herumliegenden Geröllen zu urtheilen, reich an Kohlenlagern zu sein. Der Weg in diesem Thale ist jedoch ungemein beschwerlich, da man, um dem sumpfigen Thalboden auszuweichen, stets auf den von dichtestem Gerölle bedeckten Abhängen gehen muss. Um 3 Uhr Früh langten wir nach 12stündiger, anstrengender Jagd mit fünf Rennthieren und einem Schneehuhn bei unserm Schiffe an.

Des andern Tages wurde unser Wild abgehäutet und an Stricken in's Meer gehängt. Es dauerte aber nicht lange, so sahen wir den schwarzen Rachen eines Hookjäring's, der seinen Kopf über das

Wasser erhob und herzhaft in eine Rennthierkeule hineinbiss. Ich eilte gleich in unsere Cajüte um mein Gewehr und schoss ihm eine Kugel durch beide Augen. Wir zogen den frechen Räuber im Triumph auf unser Schiff; es war ein junges Thier, kaum 7 Fuss lang.

Der Hookjäring ist eine Hai-Gattung, welche an den Küsten Finnmarkens und in den Gewässern des Eismeeres seiner Leber wegen, welche bei erwachsenen Thieren 1—2 Tonnen Thran gibt, gefangen wird. Man ködert ihn mit einem Angelstrick, an welchem sich auf spitzigen Haken ein Stück Speck befindet, und zieht ihn dann mittelst Rollen auf das Schiff.

Ausgewachsene Thiere werden bis zwei Klafter lang. Die Haut und die Knorpel werden seit neuester Zeit ebenfalls in den Guano-Fabriken in Hammerfest und auf den Lofodden verarbeitet.

Am 2. August Abends lichteten wir die Anker und sagten dem Eisfjorde Lebewohl, um zur Magdalenenbay zu steuern.

IV. KAPITEL.

Fahrt vom Eisfjorde zur Magdalenenbay und Amsterdamö.

Als wir bei Cap Staratschin vorüberfuhren, besuchte uns während einer Windstille der dort noch immer vor Anker liegende Weissfischfänger am Bord. Von ihm erfuhren wir, dass die schwedische

Expedition schon nach Skandinavien abgesegelt sei, vorher aber noch ein Boot mit Schiffbrüchigen aufnehmen musste, welche ihr Fahrzeug im Storfjord durch Treibeis verloren und behufs Aufsuchung eines sie an Bord nehmenden Schiffes den weiten Weg zum Eisfjorde (gegen 30 Meilen) mit Booten zurückgelegt hatten.

Der Morgen des 4. August traf uns an der Südspitze von Prinz Carls Vorland. Hier begegneten wir den Schooner Nordland, dessen Capitän Johannesen, berühmt durch die erste von ihm ausgeführte Umseglung Novaja Semlja's, uns am Bord besuchte. Er war im März von Tromsö nach Jan Mayen auf Robbenfang ausgegangen und vor Anfang Juli längs der Eiskante bis Amsterdamö auf Spitzbergen gefahren. Er musste jedoch Mitte Juli den Gedanken, an den Nordküsten Spitzbergens zu jagen, aufgeben, da zu dieser Zeit selbst die Kobbebay voll von Treibeis war, und steuerte nun dem Süden zu. Die Eiskante erstreckte sich unausgesetzt von Jan Mayen (71° N. B.) über 76° N. B. und 6° Ö. L. v. Gr. bis Amsterdamö. Das Eis war mithin, seitdem Polhem zum zweiten Male die Mosselbay verliess, noch weiter nach Süden gerückt, und zwar zu einem Breitegrad, welcher in dieser Jahreszeit in der Nähe von Spitzbergen immer vollständig eisfrei ist.

Als Polhem zum ersten Male die Nordküste verliess, war dieselbe vollständig eisfrei, beim zweiten Male war die Nordküste fast ganz von Eis umschlossen, und nun war selbst die Kobbebay nicht mehr frei. Dieses schnelle Vorrücken des Eises mag seinen Grund in den steten Nordwinden gehabt haben.

Ich beschloss jedoch, so weit nach Norden vorzudringen, als es sich mit der Sicherheit unseres Schiffes vertrug, wenigstens wollte ich die Eiskante mit eigenen Augen sehen.

Der 5. August brachte uns rechtes Spitzbergen-Wetter, kalt und dichter Nebel, erst gegen Abend heiterte sich das Wetter auf, und ich beschloss, eine Bootsfahrt zur Südspitze von Prinz Carls Vorland zu machen.

Wegen einer Unzahl von Klippen kann sich das Schiff nämlich nicht mehr als eine Meile dem Lande nähern und ist auch wegen Mangels eines geeigneten Ankerbodens nirgends im Stande, Anker zu werfen; es musste folglich unsere Rückkunft auf offener See abwarten.

Wir versorgten unser Boot mit Proviant für einige Tage, da man nicht wissen konnte, ob unser Schiff nicht durch von der See wehenden Wind gezwungen werden konnte, sich weit vom Lande zu entfernen, oder ob nicht ein eintretender Nebel unsere Rückkehr zum Schiffe unmöglich machen könnte. Wir landeten in der Nähe der als Sorte-Pint bezeichneten Berge. Bevor wir an's Land kamen, mussten wir durch eine Unzahl von Scheeren und Klippen, welche aus senkrechten Schichten chloritischen Gesteines bestanden.

Endlich fanden wir einen geeigneten Platz, der auch zugleich einen ausgezeichneten Bootshafen bildete.

Ehe man den Fuss des Berges erreicht, muss man ein breites Flachland passiren, welches aus senkrechten Kalkstraten besteht, die den Weg durch ihre Schärfe ungemein beschwerlich machen. Die Gegend ist hier ungemein öde und vegetationsleer, die Berge bestehen aus krystallinischen Kalken und metamorphischen Schiefern der Hecla-Hook-Formation.

Nachdem ich behufs Orientirung noch einen Berg bestiegen, aber durch dichten Nebel an jeder freien Aussicht gehindert war, kehrten wir zum Boote zurück, das wir erst nach langem Suchen zwischen den Klippen und Scheeren wiederfanden. Als wir bei unserm Schiffe anlangten, umhüllte bald ein dichter Nebel Himmel, Wasser und Land, und ein feiner Sprühregen fiel auf die schlaffen Segel.

In dieser traurigen Lage fuhren oder vielmehr schlichen wir zwei volle Tage bei einer laberen Brise.

Am 8. August Abends heiterte sich das Wetter doch insoweit auf, dass wir einen kleinen Ausflug zu einem Thale auf Vorland machen konnten, welches in 78° 50' N. B. liegt.

Zwei colossale Felsenpyramiden bilden den Eingang in ein breites, sich nach O. S. O. erstreckendes Thal, einige kleine von schönem grünen Moos eingesäumte Süsswassersee'n geben der Landschaft einen etwas freundlicheren und wärmeren Charakter, als er sonst diesen Gegenden eigen ist.

Gleich bei unserer Ankunft am Lande begrüsste uns heulend ein Gebirgsfuchs, der, wie wir später sahen, schon arge Verwüstungen unter den auf den Pyramiden in Unmasse nistenden Alken und Teisten angerichtet hatte.

Die Spitzen der beiden Felsenpyramiden bestehen aus einem schönen Quarzconglomerat, das in zahlreichen Blöcken im Thale zerstreut liegt.

Ich wurde indess schon nach einstündigem Aufenthalt in meinen Untersuchungen gestört, indem mir die Matrosen zuriefen, dass unser Schiff eine starke Brise habe, und wenn wir nicht bald führen, die Brandung zu stark würde. Ich gönnte mir jedoch noch so viel Zeit, um einen von den vielen am Strande liegenden riesigen Wallfischwirbeln in's Boot zu schleppen.

Am 9. und 10. August kreuzten wir vor der Nordspitze von Vorland vorüber und passirten den Eingang in die Cross-Kingsbay, zwei Buchten, die sich durch die Grossartigkeit ihrer Gletscher vor allen anderen Spitzbergens auszeichnen sollen. Weiter fuhren wir nun bei herrlichem Wetter bei den sieben Eisbergen vorüber.

Es sind dies sieben aus einem gewaltigen, über acht Meilen langen Gletscher hervorragende zackige, kühn gebaute Bergspitzen, eine der prachtvollsten Partien der ganzen Westküste.

Am 11. August Vormittags segelten wir endlich in die Magdalenenbay ein und warfen hier, da die vollkommene Windstille, die so oft in den Fjorden herrscht, ein weiteres Vordringen unmöglich macht, gleich beim Eingang in den Fjord die Anker.

Die Berge in der Umgebung der Magdalenenbay, sowie überhaupt von der Crossbay nordwärts bis zur Amsterdamö sind aus Granit und Gneisen zusammengesetzt. Letztere enthalten z. B. an dem nordwestlichsten Berge der Magdalenenbay oft Einlagerungen von körnigem Kalk, der schöne auskrystallisirte Mineralien einschliesst. Von Weitem schon sieht man diese weissen Bänder durch die Felswände ziehen.

Auffallend ist hier, wie auch in der Smeerenburgbay die kraterähnliche Form der Gebirge. Gegen das Meer zu sind die steilen, zackigen hochaufstrebenden Kraterwände meist von einem schönen Gletscher durchbrochen, der sich aus den die Krateröffnung erfüllenden Schneemassen entwickelt hat. Reihenweise sieht man hauptsächlich in der Smeerenburgbay diese Krater, jeder mit einem Gletscher versehen, neben einander stehen. Keineswegs kann man aber annehmen, dass dieselben vulkanischen Ursprungs seien, da nach Prof. Nordenskiöld in den Quarzitgesteinen der Wydiebay ähnliche Formen vorkommen.

Nachdem ich Vormittags einige Berge bestiegen, machten wir Nachmittags eine Bootsexcursion in das Innere der Bay. Wir passirten eine kleine vollkommen kahle Insel, auf welcher jedoch einige Eidergänse brüteten, die die engen Gesteinsritzen mit Dun ausgefüttert und ihre Eier hineingelegt hatten.

Bevor wir zum Ende der Bay gelangten, passirten wir einen weit in die Bucht ragenden Granithügel, mit dem Festlande durch eine niedere

Sandbank verbunden. Wir bestiegen denselben und fanden ihn mit einer Unzahl (über 100) von hölzernen Särgen, die meistens mit Steinen bedeckt waren, übersäet, ein wahrer Friedhof. Hie und da bemerkte man noch die Trümmer von hölzernen Kreuzen mit unleserlichen Inschriften.

Als noch in Spitzbergen der Wallfischfang betrieben wurde, war die Magdalenenbay der Hauptsammelplatz der englischen Fangfahrzeuge, und die eben erwähnte Stelle wahrscheinlich eine lange Reihe von Jahren Begräbnisplatz. Die Gebeine sind über den ganzen Hügel von Füchsen und Eisbären zerstreut worden.

In einem Sarge entdeckten wir jedoch einen noch ziemlich frischen Leichnam, vermuthlich der eines hier vor wenigen Monaten gestorbenen norwegischen Jägers. Auf der den Hügel mit dem Festlande verbindenden niederen Sandbank fanden wir die noch mit Fleisch und Haut bedeckte Vorderflosse eines Wallrosses nebst dem der Zähne beraubten Kopf, wahrscheinlich ein hier im Frühjahr erlegtes Thier, da nur mehr um diese Zeit sich die Wallrosse an der Westküste Spitzbergens aufhalten; sahen wir doch auf unserer Reise nicht eines dieser interessanten Thiere.

Früher jagte man auch im Sommer an diesen Küsten auf Wallrosse, doch in Folge der unaufhörlichen Verfolgungen haben sie sich, wie auch der Eisbär, mehr gegen die schwerzugänglichen, auch im Sommer von Eis eingeschlossenen Ostküsten, in den Storfjord und die Hinlopenstrasse zurückgezogen.

So nimmt die Zahl der jagdbaren Thiere in Spitzbergen von Jahr zu Jahr ab, der grönländische Wall ist fast vollständig ausgerottet, die Weisswalle, Seehunde, Eisbären und Rennthiere schon bedeutend vermindert, die Eidergans wird dem schonungslosen Vernichtungskriege auch bald als Opfer fallen, und so kann es nicht lange dauern, bis der Fang in Spitzbergen als nicht mehr gewinnbringend vollständig aufgegeben werden wird.

Auf derselben Stelle, wo wir die Ueberreste eines Wallrosses fanden, wurden vor 10 Jahren über 200 dieser Thiere, die an's Land stiegen, auf einmal getödtet.

Die Magdalenenbay wird von einem schönen breiten Gletscher, von dem sich unaufhörlich mit donnerähnlichem Getöse grosse Eisblöcke lostrennten und in's Meer fielen, geschlossen.

Rechter Hand befindet sich einige 50 Fuss über dem Meere ein überhängender Gletscher, der jeden Augenblick in die Tiefe zu fallen droht.

Die südliche Küste der Bay wird von vier grossen Gletschern bedeckt, welche sich alle aus dem Innern der kraterförmigen Berge entwickelt haben; im Hintergrunde vereinigt sich Alles zu einer unendlichen Eismasse, aus der nur hie und da einzelne Zacken und Felsgrate hervorragen.

Für den nächsten Tag Früh wurde eine Partie bis zur Amsterdamö verabredet; wir mussten aber früher unsern unsichern Ankerplatz am Eingange der Bay verlassen und unser Schiff hinter jene Sand-

bank mit dem Gräberhügel, welcher Platz einen ausgezeichneten Hafen bildet, bugsiren.

Wir fuhren am 12. August Morgens beim Eingange zur Bay vorüber durch den engen South-Gat in den Smeerenburg-Sund. Hier trat uns eine ungemein heftige Strömung entgegen, welche bei der Ebbe aus dem engen Sund dem offenen Meere zufliesst. Längs der östlichen Küste befinden sich die schon früher erwähnten zahlreichen Krater mit Gletschern, eines der imposantesten Küstenbilder, die wir überhaupt sahen.

Ein breiter Arm des Sundes biegt sich nach Osten ab und wird von einem colossalen Gletscher geschlossen. Während die Ostseite des Sundes aus einer grossen, durch Felszacken unterbrochenen Gletschermasse besteht, sieht man am westlichen Ufer, welches durch die Danskö gebildet wird, eisfreie, abgerundete unförmliche Gneishügel, welche gegen den Sund breite Flachländer vorausschicken; diese sind mit einer Unmenge von Treibholz und erratischen Blöcken bedeckt. Letztere bestehen aus Gesteinsarten (Gneise, Granite, Syenite, Schiefer), welche sonst nirgends an den Küsten Spitzbergens anstehend angetroffen wurden, und dürften entweder aus dem unbekannten Innern

Spitzbergens oder von einer noch nördlicher gelegenen Insel herstammen, von wo sie durch Treibeis an diese Küsten gebracht wurden.

In einer kleinen Bucht der Danskö sahen wir das Wrak einer wahrscheinlich von Eis zerdrückten Yacht. Auf einer Insel in der Nähe dieser Bucht bemerkten wir ein gusseisernes Kreuz, welches folgende Inschrift auf der einen Seite trug:

Wer das grüne krystall'ne Feld pflügt
Mit des Schiffes eilendem Kiele,
Dem vermählt sich das Glück,
Dem gehört die Welt.
Ohne Saat blüht ihm die Ernte,
Denn das Meer ist das Feld der Hoffnung.
Auf dem Meere ist alles Welle,
Auf dem Meere gibt's kein Eigenthum.
Verf. von C. Vogt.

Rhederei A. Rosenthal. *Capt. A. Hashagen.*

Auf der andern Seite stand zu lesen:

Dampfer Albrecht *Bremen, 14. Juli 1869.*

Die Folgen des letzten, angeblich von C. Vogt herrührenden Verses machen sich leider, wie wir früher auseinandersetzten, allzu deutlich in Spitzbergen kennbar, und nicht lange wird es dauern, so wird die 5. Verszeile blos zu den schönen Erinnerungen gehören.

Wir ruderten nun an dem Danes-Gat vorüber zur Südspitze von Amsterdamö, schlugen dort unser Zelt auf und nahmen unser Mittagsmahl ein. Auch die Amsterdamö besitzt gegen den Smeerenburg-Sund ein bedeutendes mit Treibholz und erratischen Blöcken bedecktes Flachland. Wir errichteten hier eine Varde, d. h. einen Steinhaufen, in den wir eine grosse Stange befestigten, und gaben ein Stück Papier, auf welchem wir unsre Namen neben einigen kleinen Bemerkungen aufgeschrieben hatten, in eine Flasche, welche wir unter den Steinen versteckten; es war dies der nördlichste von uns besuchte Punkt in 79° 45′ N. B.

Von Amsterdamö aus, der nordwestlichsten Insel Spitzbergens, konnte man weit hinaus in jene unbekannten Gewässer des Eismeeres sehen, die von keinem Schiffe noch befahren und zu deren Erforschung schon so viele Menschenleben geopfert wurden.

Inzwischen trat ein starker Nebel ein, und ein strömender Regen, untermischt mit Schneeflocken, nebst einem heftig wehenden Südwestwinde mahnte uns zur Rückfahrt. Wir mussten unsern früher gehegten Plan, an der Westküste von Danskö und Amsterdamö die Heimreise anzutreten, aufgeben, da wir hier der vollen Gewalt der Wellen im offenen Meer ausgesetzt gewesen wären. Wir ruderten nun bei dichtem Nebel durch den Smeerenburg-Sund zurück. In demselben ward einmal der durch Wind und Strömung hervorgerufene Wellenschlag so ungemein stark, dass unser Boot umzuwerfen drohte. In der Früh um 3 Uhr kamen wir durchnässt und durchfroren bei unserm Schiffe an, am offenen Meer nahm indess der Sturm so heftig zu, dass wir genöthigt waren, einen ganzen Tag in unserm Hafen auf günstigeres Wetter zu warten.

Unaufhörlich stürzten, durch den Regen lose gemacht, grosse Massen von Eisblöcken von den rings das Schiff umgebenden Gletschern in's Meer, so dass dasselbe stets in schaukelnder Bewegung war. Hauptsächlich war es der grosse überhängende Gletscher, der meinem Reisegefährten bedeutende Besorgnisse erregte, und von diesem deshalb Damokles-Gletscher getauft wurde. Ein Niedersturz von ihm auf das nicht weit unter ihm stehende Schiff hätte uns offenbar sehr unangenehm werden können. Unsere Bucht war mit unzähligen schwimmenden Eisblöcken bedeckt, die in ihren Vertiefungen oft mit grossen Steinen erfüllt waren, welche, als die Eismassen noch den Gletschern angehörten, von den Bergen auf sie gerollt und eingefroren waren. Wir konnten so die Geschichte jener massenhaften erratischen Blöcke auf Danskö und Amsterdamö ad oculos studiren.

Stossen solche treibende, mit Steinen beladene Eisblöcke auf seichtere Stellen im Meere, so stranden sie und entledigen sich ihrer Bürde, welche auf den Meeresboden fällt. Ist dieser, sowie wir es an den Küsten Spitzbergens gesehen, in langsamer Hebung begriffen, so kommen sie dann zum Vorscheine als „erratische Blöcke".

Mit der Besichtigung der Magdalenenbay und Amsterdamö war unser Reiseprogramm zu Ende, da ein Eindringen in den Storfjord oder ein Vordringen an die Nordküste der ungünstigen Eisverhältnisse halber nicht möglich war oder mindestens bei einer so kleinen Verproviantirung, wie unser

Schiff sie hatte, nicht rathsam erschien. Als am 14. August der Wind nachliess und das Wetter klar wurde, lichteten wir Morgens die Anker „nach besseren Breiten und grüneren Ufern".

V. KAPITEL.

Rückfahrt.

Ein herrlicher Tag enthüllte uns, als wir vor den sieben Eisbergen vorüber fuhren, die ganze Schönheit der arctischen Natur. Es sollte aber auch das letzte Mal sein, dass wir noch die Berge mit ihren Gletschern bewundern konnten, denn am 15. Abends erhob sich in der Nähe der Krossbay ein Südweststurm, der uns nöthigte, unsern Cours weit vom Lande wegzunehmen.

Am 17. hörte der Sturm auf, und konnten wir bei einer schwachen Nordbrise wieder unsern Cours aufnehmen; doch erhob sich gegen Abend der Süd-west-Sturm von Neuem und raste drei Tage und drei Nächte unaufhörlich, während welcher Zeit wir nur um ein Geringes vorwärts kamen. Unsere Lage im Schiffe wurde desto unangenehmer, da wir durch den widrigen Wind zum Kreuzen gezwungen waren und unser Fahrzeug deshalb stets auf einer Seite lag. Einmal, beim Wenden, war der Seegang so stark, dass der ganze Vordertheil des Schiffes in's Wasser stach und die Mannschaftskajüte vollkommen mit Wasser gefüllt wurde.

Am Morgen des 19. schwammen in der Nähe unseres Schiffes zwei riesige Exemplare des grönländischen Walles vorüber, eine grosse Seltenheit in den Spitzbergen-Gewässern.

Am 21. August hatten wir Windstille, und Abends stellte sich endlich eine frische Nordwestbrise ein, die uns bis 23. Früh an die Küste von Bären-Eiland brachte. Wir segelten eine Viertel-Meile östlich von der Insel vorüber, welche wir diesmal im klarsten Wetter sahen; eine Landung war wieder des starken Seeganges wegen nicht möglich, um so weniger, da Bären-Eiland gar keinen Hafen besitzt und die Ufer steil gegen das Meer fallen. Die Insel wurde im Jahre 1868 von dem schwedischen Expeditionsschiff genau untersucht. Sie besteht meistens aus Gesteinen der Steinkohlen-Formation und besitzt sehr schöne Kohlenflötze.

Die Insel bildet ein ödes Plateau, aus welchem sich zwei über 1000 Fuss hohe Berge, der Mount Misery und der Vogelberg, erheben.

Eine Unmasse von Finnwallen, wir zählten deren gegen 50, trieben sich in der Nähe der Insel umher. Da das Fahrwasser nicht tiefer als 40 Faden war, so versuchte unsere Mannschaft zu fischen und brachte binnen Kurzem zwölf prächtige Dorsche zum Vorschein.

Am 26. Morgens war Norwegen mit der Insel Magerö und dem Nordkap in Sicht, und Abends steuerten wir bei dem schönen Leuchtthurm von Fruholmen vorüber in die Scheeren Norwegens.

Am 27. August Früh fielen die Anker im Hafen von Hammerfest.

Zum Schlusse mag noch ein Abenteuer aus dem Eismeere erzählt werden, welches ich in Hammerfest erfuhr, woselbst ich auch zwei der betheiligten Personen, die vor wenigen Tagen zurückgekehrt waren, sah.

Capitän Tobiesen fuhr im Frühjahr 1872 mit zehn Mann nach Novaja Semlja. Als der Herbst kam, wurden sie an der Westküste nicht weit vom Cap Nassau von Treibeis besetzt und ihnen jede Aussicht auf Rückkehr abgeschnitten.

Da nur sehr geringer Proviant am Schiffe war, so begaben sich acht Mann mit Booten und Proviant für wenige Tage nebst Gewehren und geringer Munition vom Schiffe fort, um bis zur Samojeden-Halbinsel zu rudern und dort Samojeden aufzusuchen, während Tobiesen mit drei Mann am Schiffe zurückblieb.

Auf der Fahrt der acht Norweger nach der Samojeden-Halbinsel erfror ein Mann; die übrigen sieben theilten sich, auf der Halbinsel angekommen, in zwei Partien. Zwei Mann sollten Rennthiere jagen und die fünf andern Samojeden-Familien aufsuchen. In Folge eines starken Nebels verirrten sich die beiden Abtheilungen und konnten sich nicht mehr finden.

Die auf Rennthierjagd ausgesandten Jäger mussten den ganzen grässlichen Winter unter einem Zelte zubringen, wobei sie sich von gefangenen Füch-

sen und Rennthierfleisch ernährten und wenige Tage, bevor wir in Hammerfest ankamen, glücklich zu Land nach Archangelsk und von hier per Schiff nach Hammerfest gelangten. Die fünf anderen Leute fanden Samojeden, von welchen sie sehr gastfreundlich aufgenommen wurden, und bei denen sie den ganzen Winter zubrachten. Drei von ihnen kehrten im Sommer ebenfalls nach Hammerfest zurück, während die übrigen bei den Samojeden blieben, bei denen es ihnen ungemein gefallen haben soll.

Bären-Eiland von der Südseite.

Bären-Eiland von der Ostseite.

Der Hornsundtind.

Die sieben Eisfelder.

Eingang in den Green Harbour.

1. Haizahn. Südspitze Spitzbergens. 2. Sörkap-Ö.

Nordwestspitze Spitzbergens und die sieben Eisfelder.

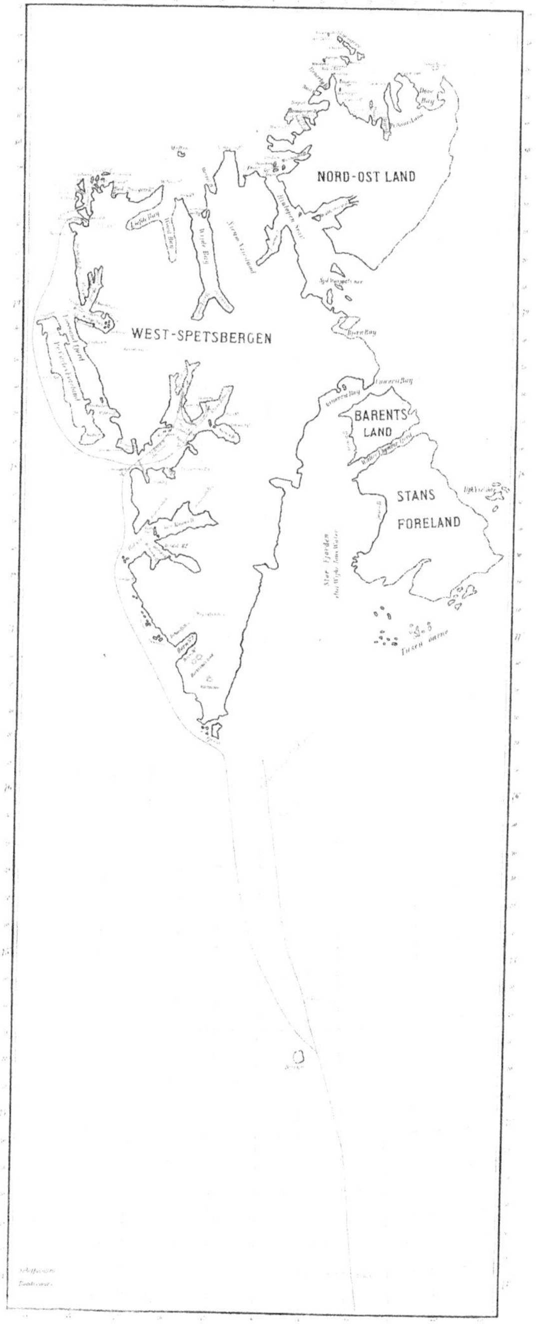
NORD-OST LAND
WEST-SPETSBERGEN
BARENTS LAND
STANS FORELAND
Dove Bay
Liefde Bay
Wyde Bay
Tusen öarne

Made in the USA
Monee, IL
04 November 2026

67385020R00046